全国中等职业技术学校电子类专业

模拟电路基础（第二版）习题册

中国劳动社会保障出版社

图书在版编目(CIP)数据

模拟电路基础（第二版）习题册/朱伟主编. —北京：中国劳动社会保障出版社，2017
全国中等职业技术学校电子类专业
ISBN 978-7-5167-3124-6

Ⅰ.①模… Ⅱ.①朱… Ⅲ.①模拟电路-中等专业学校-习题集 Ⅳ.①TN710-44

中国版本图书馆 CIP 数据核字(2017)第 174504 号

中国劳动社会保障出版社出版发行

（北京市惠新东街 1 号 邮政编码：100029）

*

河北品睿印刷有限公司印刷装订 新华书店经销

787 毫米×1092 毫米 16 开本 3.75 印张 87 千字

2017 年 7 月第 1 版 2025 年 8 月第 12 次印刷

定价：7.00 元

营销中心电话：400-606-6496

出版社网址：http://www.class.com.cn

http://jg.class.com.cn

目　录

① 标记星号（*）的章节可作为选作内容。

课题一　整流滤波电路

任务1　半导体二极管的识别与检测

一、填空题

1. 自然界中的物质根据导电性能不同可分成________、________和________三类，常用的半导体材料有________、________等。

2. 半导体材料经过高度提纯后形成的半导体，称为__________半导体，也称为________半导体。

3. 在本征半导体中掺入________等五价元素，就形成________半导体，掺杂后半导体中的_________为多数载流子，__________为少数载流子，该半导体也称为_________半导体。

4. 在本征半导体中掺入________等三价元素，就形成________半导体，掺杂后半导体中的________为多数载流子，________为少数载流子，该半导体也称为________半导体。

5. 二极管的图形符号为________，文字代号用________表示。二极管根据PN结的结构不同，可分为__________型、__________型和__________型。

6. 二极管正极接________电位，负极接________电位，即二极管加________电压时，二极管导通。

7. 二极管的主要参数有_________________、_________________、_________________和______________。

8. 2AP9型二极管是________材料的________二极管，2CZ56型二极管是________材料的________二极管，2DW234型二极管是________材料的________二极管。

二、判断题

1. 杂质半导体的导电能力比纯净半导体好。（　　）
2. 二极管内部有一个PN结。（　　）
3. 半导体具有单向导电性。（　　）
4. PN结正向偏置时电阻小，反向偏置时电阻大。（　　）
5. 二极管加正向电压就会导通。（　　）
6. 二极管一旦反向击穿就会损坏。（　　）
7. 稳压二极管工作于反向击穿状态。（　　）
8. 二极管是线性元件。（　　）
9. 不论是哪种类型的二极管，其正向压降均为0.3 V。（　　）
10. 二极管反向偏置时，反向电流随反向电压增大而增大。（　　）

11．硅二极管的正向压降比锗二极管的正向压降大。（　　）

三、选择题

1．半导体中传导电流的载流子是（　　）。

A．电子　　B．空穴　　C．电子和空穴　　D．带电离子

2．N 型半导体是在本征半导体中掺入（　　）价元素。

A．2　　B．3　　C．4　　D．5

3．PN 结的主要特性为（　　）。

A．正向导电性　　B．单向导电性

C．反向击穿特性　　D．可控单向导电性

4．二极管的正向电阻（　　）反向电阻。

A．远大于　　B．等于　　C．远小于　　D．略大于

5．当加在硅二极管两端的正向电压从 0 开始逐渐增加时，硅二极管（　　）。

A．立即导通

B．在两端电压达到 0.3 V 时才开始导通

C．在两端电压超过门限电压时才能导通

D．不导通

6．硅材料二极管的开启电压为（　　）V。

A．0.1　　B．0.3　　C．0.5　　D．0.7

7．检波二极管一般是（　　）二极管。

A．点接触型　　B．面接触型　　C．平面型

8．下列电路中，有电流流过的是（　　）。

A. VD HL 10V 12V

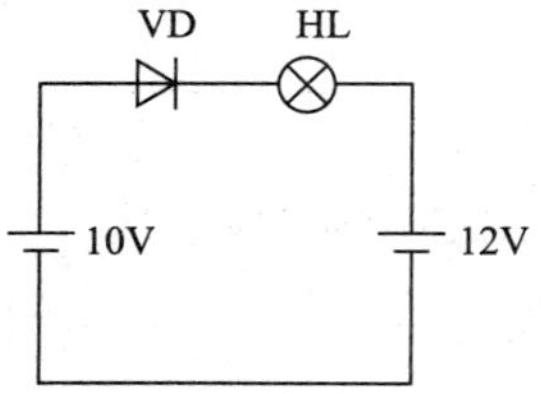

B. VD HL 12V 10V

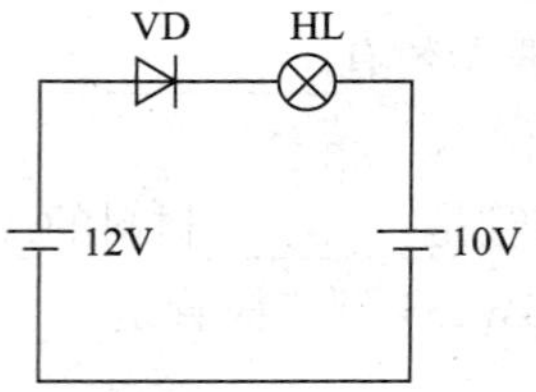

C. VD HL 10V 6V

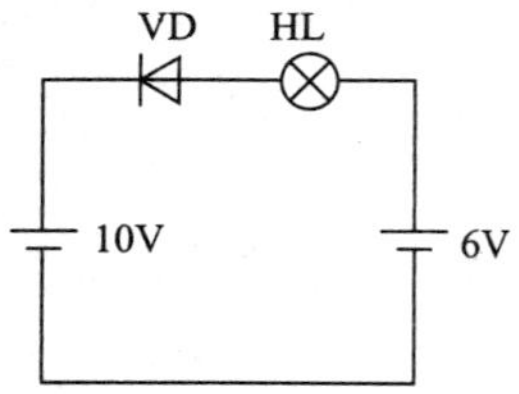

D．以上都没有

9．选用二极管时，实际电路的工作电压应（　　）二极管最高反向工作电压。

A．大于　　B．等于　　C．小于　　D．以上都可以

10．测量二极管时，一般使用模拟万用表的（　　）挡。

A．R×1 Ω　　B．R×10 Ω　　C．R×1 kΩ　　D．R×10 kΩ

11．当环境温度升高时，二极管的反向饱和电流（　　）。

A．变大　　B．变小　　C．不变　　D．不确定

四、简答题

1．什么是扩散运动？什么是漂移运动？

2．PN 结的形成过程是怎样的？

3．二极管的反向饱和电流为什么会受温度的影响？

4．如何用万用表判断二极管管脚的极性？

5. 如何用万用表判断普通二极管的好坏？

6. 某硅二极管用万用表 R ×100 Ω 挡测得的正向电阻为 200 Ω，反向电阻为 10 kΩ，则该二极管是好是坏？为什么？

五、综合题

1. 在图 1—1—1 所示电路中，二极管为理想二极管，判断二极管是导通还是截止，并求电压 U_{AB}的值。

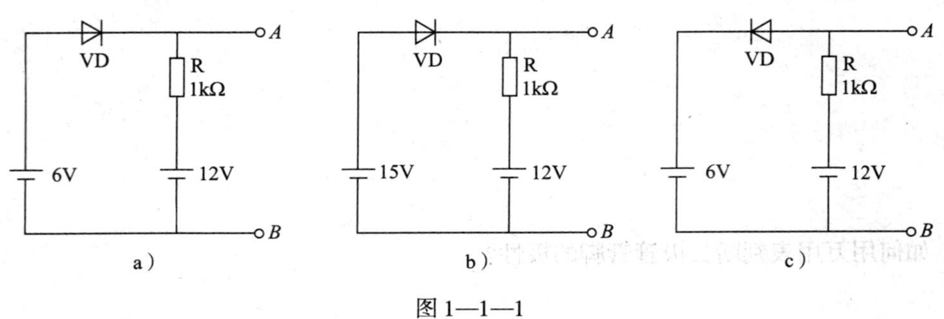

图 1—1—1

2. 图 1—1—2 所示电路中，二极管为理想二极管，输入信号均为 $u_i = 10\sin\omega t$ V，试分别画出其输出波形 u_o。

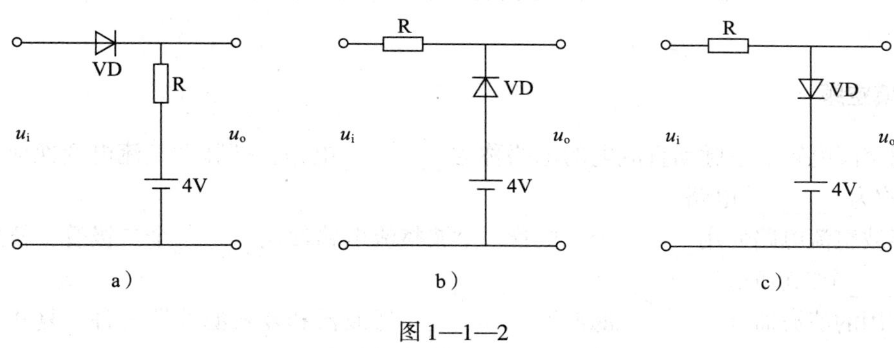

图 1—1—2

3. 图 1—1—3 所示电路中，哪个灯泡可能会亮？

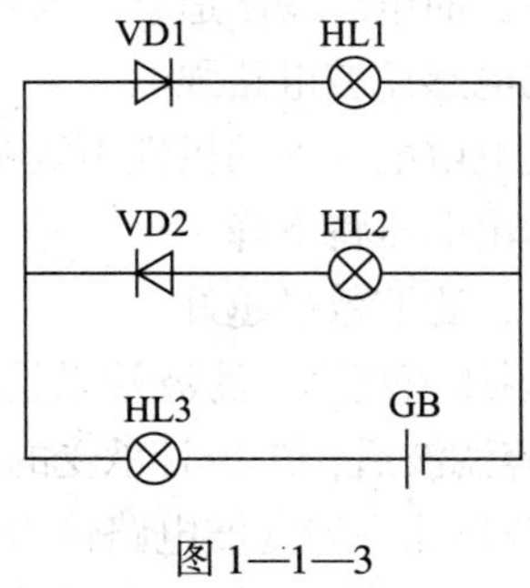

图 1—1—3

任务 2　整流滤波电路的安装与测试

一、填空题

1. 把交流电转变成脉动直流电的电路称为________电路，把脉动直流电变换成平滑直流电的电路称为________电路。

2. 半波整流电路使用______个二极管，全波整流电路使用______个二极管，桥式整流电路使用______个二极管。

3. 常用的滤波器有________滤波器、________滤波器和复式滤波器三种，复式滤波器有________滤波器、________滤波器、________滤波器等类型。

4. 在滤波电路中，滤波电容和负载______联，电感和负载______联。

5. 电源变压器在电路中起________作用，它利用____________原理将输入端的交流电压变换成____________的________交流电压输出。

6. 电路中的滤波电容一般为________电容，它具有________的特点，它的引脚有正、负极性之分，一般新电容器的______脚为正极。

7. 在整流电容滤波电路中，选择二极管主要考虑______________和__________________两个参数，滤波电容器的大小可以根据______________来选择。

二、判断题

1. 交流电经过整流电路后，方向和大小都不再改变。　（　）
2. 半波整流电路中，二极管在交流电的每个周期中导通一次。　（　）
3. 全波整流电路输出变压器的二次电压不对称，将导致输出波形不平整。　（　）
4. 桥式整流电路中，4 个二极管是交替工作的，每个瞬间只有 1 个二极管工作。（　）
5. 电容滤波适合于小负载电流，而电感滤波适合于大负载电流。　（　）
6. 电容滤波电路的负载能力比电感滤波电路强。　（　）
7. 单相半波整流滤波电路中的电解电容器的极性不能接反。　（　）
8. 整流电路接入电容器后，输出电压将下降。　（　）
9. 电感滤波电路中，电感越大，滤波效果越好。　（　）
10. 电容滤波电路中，电容的耐压值越高，滤波效果越好。　（　）
11. 单相桥式整流电路采用电容滤波后，二极管承受的最高反向工作电压降低。　（　）
12. 复式滤波电路输出的电压波形比一般滤波电路输出的电压波形平直。　（　）
13. 在带电容滤波的单相桥式整流电路中，输出电压的平均值与所带负载无关。（　）
14. 整流电路接入电容滤波后，输出电压的波形将变得连续而平滑，而对输出电压的大小没有影响。　（　）
15. 用万用表测量变压器的输出电压要使用直流量程。　（　）
16. 电子电路安装中常采用松香作为助焊剂。　（　）
17. 示波器处于校准位置，旋钮位置为 1 V/div，正弦电压最高点到最低点有 4 格，则输

出电压为 4 V。 （ ）

18. 单相整流电路中，将变压器输出端的两个端点对调，则输出直流电压的极性将相反。

（ ）

三、选择题

1. 以下整流电路中，输出波形波动最大的是（ ）。

A. 半波整流电路 B. 全波整流电路 C. 桥式整流电路 D. 都一样

2. 组成单相全波整流电路需要（ ）个二极管。

A. 1 B. 2 C. 3 D. 4

3. 全波整流电路变压器的二次侧有（ ）个接线端。

A. 1 B. 2 C. 3 D. 4

4. 单相桥式整流电路在交流电的每半个周期，有（ ）个二极管工作。

A. 1 B. 2 C. 3 D. 4

5. 在安装桥式整流电路时，不需要注意安装极性的是（ ）。

A. 二极管 B. 电解电容器 C. 变压器二次绕组 D. 以上都不需要

6. 在测量整流电路电压时，（ ）。

A. 测输出电压使用 AC 量程，测变压器二次电压使用 DC 量程

B. 测输出电压使用 AC 量程，测变压器二次电压使用 AC 量程

C. 测输出电压使用 DC 量程，测变压器二次电压使用 DC 量程

D. 测输出电压使用 DC 量程，测变压器二次电压使用 AC 量程

7. 利用电感元件的（ ）特性可实现滤波。

A. 延时 B. 储能 C. 稳压 D. 负阻

8. 下列元件中，属于储能元件的是（ ）。

A. 三极管 B. 二极管 C. 电阻 D. 电容器

9. 在整流电路的负载两端并联电容器，其输出电压的脉动大小将随着负载电阻和电容器的增加而（ ）。

A. 增大 B. 减小 C. 不变 D. 都不是

10. 在滤波电路中，与负载并联的元件是（ ）。

A. 电容器 B. 电感 C. 电阻 D. 开关

11. 在单相半波整流电路中，当负载开路时，输出电压为（ ）。

A. 0 B. U_2 C. $0.45U_2$ D. $\sqrt{2}U_2$

12. 在单相桥式整流电容滤波电路中，要使负载得到 45 V 的直流电压，变压器二次电压的有效值应为（ ）V。

A. 45 B. 50 C. 100 D. 37.5

13. 在单相桥式整流电容滤波电路中，如果变压器的二次电压为 100 V，则负载电压为（ ）V。

A. 100 B. 120 C. 90 D. 130

14. 单相桥式整流电路接入电容器滤波后，二极管的导通时间将（ ）。

A. 变短 B. 变长 C. 不变 D. 以上都不正确

四、简答题

1. 绘制单相桥式整流电路的原理图，并简述其工作原理。

2. 什么是滤波电路？滤波电路有哪几种类型？

3. 常用复式滤波电路的特点分别是什么？

4．在单相桥式整流电路中，若有一个二极管接反、短路或开路分别会出现什么现象？

5．在用电烙铁焊接电子电路时有哪些注意事项？

6．手工焊接的具体操作步骤是什么？

7．简述用万用表检测变压器好坏的方法。

五、计算题

1. 某半波整流电路中变压器的二次电压 U_2 为 10 V，负载电阻 R_L 为 100 Ω，求输出电压 U_o、负载电流 I_L 、流过二极管的电流 I_D 以及二极管两端实际承受的最高反向工作电压 U_{RM} 。

2. 某桥式整流电路中变压器的二次电压 U_2 为 20 V，负载电阻 R_L 为 500 Ω，求输出电压 U_o 、负载电流 I_L 、流过二极管的电流 I_D 以及二极管两端实际承受的最高反向工作电压 U_{RM} 。

3. 某全波整流电路中变压器的二次电压 $u_2 = 30\sqrt{2}\sin314t$ V，负载电阻 R_L 为 200 Ω，求输出电压 U_o 、负载电流 I_L 、流过二极管的电流 I_D 以及二极管两端实际承受的最高反向工作电压 U_{RM} 。

课题二　基本放大电路

任务1　半导体三极管的识别与检测

一、填空题

1. 半导体三极管简称__________或__________。三极管的种类很多，按使用材料不同，可以分成________三极管和________三极管；按照功率大小不同，可以分成__________三极管和__________三极管；按照工作频率不同，可以分成__________三极管和__________三极管。

2. 如果在一块半导体材料上，同时制造出______个距离很近的PN结，就形成一个三极管。它是一种具有________结构的半导体器件，有三个电极，分别为________、________和________；有两个PN结，分别为_________、_________；有三个区，分别为________、________和________。

3. 三极管根据内部结构不同，分为________型和________型两种，其图形符号分别为________和________。

4. 三极管实现电流放大作用的偏置条件是________正偏，________反偏。

5. 三极管三个电极的电流中，______________最大，______________最小，它们的关系是________________。

6. 测量某三极管可知，其 I_E 为1.23 mA，I_C 为1.2 mA，则 I_B 为________mA。

7. 三极管的输出特性曲线可以分成三个区域，分别是____________、____________和__________。

8. 三极管的放大倍数随温度的升高而________，电压 U_{BE} 随温度的升高而________。

9. 三极管的极限参数有_________________________、__________________________和________________________。

10. 在测量三极管好坏时，模拟万用表使用_________或_________挡，数字万用表使用________挡。

11. 3DG12型三极管是________型________材料的____________三极管，3AX31型三极管是________型________材料的____________三极管。

二、判断题

1. 三极管的结构对称，使用时发射极和集电极可以交换使用。　　(　　)

2. 三极管有两个PN结，因此它具有单向导电性。　　(　　)

3. 三极管由两个PN结组成，所以可以用两个二极管构成一个三极管。　　(　　)

4. 三极管发射区的掺杂浓度比集电区高。 ( )
5. 三极管是电流控制元件。 ( )
6. 发射结正偏的三极管一定工作于放大状态。 ( )
7. 发射结反偏的三极管一定工作于截止状态。 ( )
8. 三极管放大电路中，放大管的放大倍数越大越好。 ( )
9. 选择三极管时，只要考虑 $P_{CM} < I_C U_{CE}$ 即可。 ( )
10. 通常三极管发射极和基极的反向工作电压大于基极和集电极的反向工作电压。 ( )
11. 温度升高，三极管的穿透电流变大，三极管工作稳定性变差。 ( )
12. 测量三极管好坏时，数字万用表采用 R × 100 Ω 或 R × 1 kΩ 挡。 ( )

三、选择题

1. 三极管内部有（ ）个 PN 结。
   A. 1 B. 2 C. 3 D. 4
2. 要使三极管工作于放大状态，必须使（ ）。
   A. 发射结正偏，集电结反偏 B. 发射结反偏，集电结正偏
   C. 发射结正偏，集电结正偏 D. 发射结反偏，集电结反偏
3. 三极管工作在放大状态时，决定集电极电流大小的是（ ）。
   A. U_{CE} B. U_{BE} C. I_E D. f_T
4. 三极管的输出特性曲线分为三个区，其中不包含（ ）区。
   A. 截止 B. 饱和 C. 放大 D. 击穿
5. 三极管放大的实质是（ ）。
   A. 把小能量转换成大能量 B. 把低电压放大成高电压
   C. 把小电流放大成大电流 D. 用较小的电流控制较大的电流
6. 在三极管放大电路中，三极管的管脚电位最高的是（ ）。
   A. NPN 管的集电极 B. PNP 管的集电极
   C. NPN 管的发射极 D. PNP 管的发射极
7. 三极管的（ ）作用是三极管最基本和最重要的特性。
   A. 电压放大 B. 电流放大
   C. 功率放大 D. 正向电阻小，反向电阻大
8. 在三极管输出特性曲线中，当 $I_B = 0$ 时，电流 I_C 等于（ ）。
   A. I_{CBO} B. I_{CEO} C. I_{CM} D. I_{BEO}
9. 三极管的每一条输出特性曲线都和（ ）对应。
   A. I_C B. I_B C. I_E D. U_{CE}
10. 三极管有（ ）种工作状态。
   A. 1 B. 2 C. 3 D. 4
11. 满足 $\beta = \dfrac{\Delta I_C}{\Delta I_B}$ 的关系时，三极管工作于（ ）区。
   A. 饱和 B. 放大 C. 截止 D. 击穿

12. 在一个正常放大的电路中，测得三极管的1、2、3脚的对地电位分别为 -10 V、-10.3 V、-14 V，则下列说法中正确的是（　　）。

A. 三极管为NPN型三极管　　B. 三极管为硅三极管

C. 三极管的1脚是发射极　　D. 三极管的3脚是基极

13. 三极管各脚对地电位如图所示，则工作于饱和状态的三极管是（　　）。

A. 基极 -1.7V，集电极 5V，发射极 -2V

B. 基极 -2.3V，集电极 -6V，发射极 -2V

C. 基极 4.3V，集电极 4V，发射极 3.6V

D. 基极 0V，集电极 -6V，发射极 -0.3V

14. 当超过（　　）参数时，三极管一定被击穿。

A. 集电极最大允许功率 P_{CM}

B. 集电极最大允许电流 I_{CM}

C. 集-射极之间反向击穿电压 $U_{(BR)CEO}$

D. 不确定

15. 用万用表 R×1 kΩ 挡测量一个正常的三极管，若用红表笔接触一个管脚，用黑表笔分别接触另外两个管脚，测得电阻都很大，则该三极管是（　　）。

A. PNP型三极管　　B. NPN型三极管

C. 无法确定

16. 用万用表的电阻挡测得三极管任意两个管脚之间的电阻都很小，说明该三极管（　　）。

A. 两个PN结均击穿　　B. 两个PN结开路

C. 发射结击穿，集电结正常　　D. 发射结正常，集电结击穿

17. 若三极管（　　），则说明其已损坏。

A. BE两脚之间PN结正向电阻很小

B. BC两脚之间PN结反向电阻很大

C. BC两脚之间PN结正向电阻很小

D. BC两脚之间PN结正反向电阻差别不大

18. 用模拟万用表的红表笔接触三极管的一个管脚，用黑表笔分别测量其他两个管脚，若测得电阻均很小，说明三极管是（　　）。

A. PNP管　　B. NPN管　　C. 晶闸管　　D. 无法确定

19. 用万用表电阻挡判断三极管3个管脚的方法是（　　）。

A. 先找E，再找C和B并判断类型

B. 先找C并判断类型，再找B和E

C. 先找B并判断类型，再找E和C

D. 以上都不对

20. 三极管按照用途可以分成（　　）。

A. NPN型三极管和PNP型三极管　　B. 放大管和开关管

C. 锗管和硅管　　　　　　　　　　　D. 小功率三极管和大功率三极管

21. 锗低频小功率三极管的型号为（　　）。

A. 3ZC　　　　B. 3AD　　　　C. 3AX　　　　D. 3DD

四、简答题

1. 三极管的主要功能是什么？其放大实质是什么？

2. 如图 2—1—1 所示为三极管各管脚的电位，试判断各三极管的工作状态。

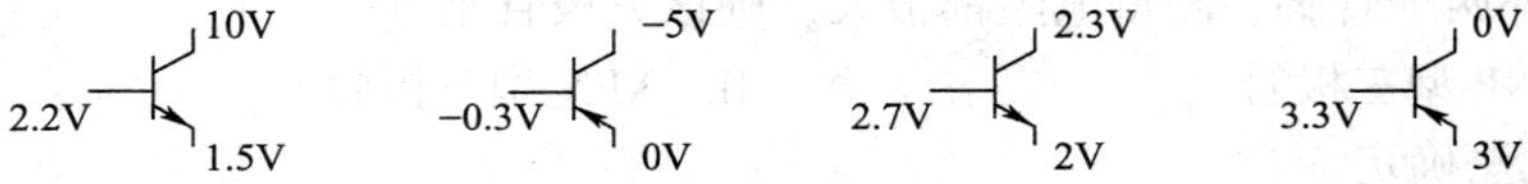

2.2V　10V　1.5V
−0.3V　−5V　0V
2.7V　2.3V　2V
3.3V　0V　3V

图 2—1—1

3. 什么是三极管的输入、输出特性？

4．三极管的主要参数和极限参数有哪些？

5．怎样用数字万用表判断三极管的管脚？

6．怎样用万用表判断三极管的好坏？

7．测得某在线工作的正常三极管各管脚的电位如图 2—1—2 所示，试辨别三极管各管脚，并判断该管是硅管还是锗管，是 PNP 型还是 NPN 型。

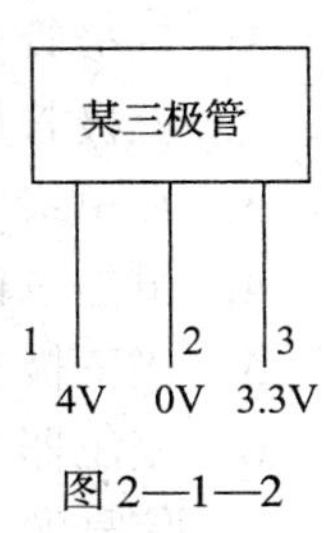

图 2—1—2

五、计算题

有一个三极管，当 I_{B1} 为 5 μA 时，I_{C1} 为 0.5 mA；当 I_{B2} 为 20 μA 时，I_{C2} 为 2 mA，求三极管的 β 和 $\overline{\beta}$ 值。

任务 2　共发射极放大电路的安装与调试

一、填空题

1. 根据输入信号、输出信号和三极管的连接方法不同，三极管放大电路分为__________电路、____________电路和____________电路三种。

2. 在三极管放大电路中，将直流分量流经的路径称为________通路，将交流分量流经的路径称为________通路。

3. 将电路中所有的电容器全部当成________，电感全部________，电阻与电源保留，此时的路径就是直流通路。

4. 将电路中所有的电容器全部当成__________，电感全部__________，电源________，电阻保留，此时的路径就是交流通路。

5. 在单级共发射极放大电路中，输出电压的波形和输入电压的波形相位相差________度，即输入波形和输出波形________。

二、判断题

1. 三极管是构成放大电路的核心，其具有电压放大作用。（　　）
2. 三极管放大电路的静态是指未加交流信号以前的起始状态。（　　）
3. 在单级共发射极放大电路中，输入信号和输出信号同相。（　　）
4. 虽然三极管具有放大作用，但放大电路的能量来源于电源，而不是三极管。（　　）
5. 当三极管静态工作点太高时，容易引起饱和失真。（　　）
6. 变压器也能把电压升高，所以变压器也是放大器。（　　）
7. 信号源和负载不是放大电路的组成部分，但它们对放大电路有影响。（　　）

8. 画放大电路的直流通路时应将电容器看成短路，画交流通路时应将电感和电源看成短路。（　　）

9. 放大电路加上负载后，放大倍数和输出电压均会增大。（　　）

10. 放大电路的交流负载线比直流负载线陡。（　　）

11. 若放大电路的输出端不接负载，则放大电路的交流负载线和直流负载线重合。（　　）

三、选择题

1. 根据输入信号、输出信号和三极管的连接方法不同，三极管放大电路有（　　）种连接方式。

A. 1　　B. 2　　C. 3　　D. 4

2. 放大电路的静态工作点是指输入信号（　　）时三极管的工作点。

A. 为零　　B. 为正　　C. 为负　　D. 很小

3. 设置静态工作点的目的是（　　）。

A. 使放大电路工作在线性放大状态

B. 使放大电路工作在非线性状态

C. 尽量提高放大电路的放大倍数

D. 尽量增加放大电路的工作稳定性

4. 放大电路的交流通路是指（　　）。

A. 电压回路　　B. 电流通过的路径

C. 交流信号流经的路径　　D. 直流信号流经的路径

5. 对放大电路的要求为（　　）。

A. 只需放大倍数很大　　B. 只需放大交流信号

C. 放大倍数大，而且失真小　　D. 只需放大直流信号

6. 判断一个放大器能否正常放大，主要根据（　　）来判断。

A. 有无合适的静态工作点，三极管是否工作于放大区，是否满足 $U_C > U_B > U_E$

B. 交流信号是否畅通传送及放大

C. 三极管是否工作于放大区及交流信号是否畅通传送和放大

7. 关于放大电路空载时的放大倍数与带负载时的放大倍数，下列说法正确的是（　　）。

A. 空载时放大倍数大些

B. 带负载时放大倍数大些

C. 空载和带负载时的放大倍数一样大

D. 空载时的放大倍数为0

8. 在共发射极基本放大电路中，R_C的作用是（　　）。

A. 作为三极管集电极的负载电阻

B. 使三极管工作于放大状态

C. 减小放大电路的失真

D. 把三极管电流放大作用转变成电压放大作用

9. 在放大电路中，当集电极电流增大时，将使三极管（　　）。

A. 集电极电压 U_{CE}上升　　B. 集电极电压 U_{CE}下降

C. 基极电流随之减小　　D. 基极电流随之增大

10. 放大电路的电压放大倍数在（　　）时增大。

A. 负载电阻减小　　B. 负载电阻增大

C. 负载电阻不变　　D. 电源电压升高

11. 放大电路的直流负载线是指（　　）条件下的负载线。

A. $R_L = R_C$　　B. $R_L = 0$　　C. R_L = 无穷大　　D. $R_L = R_B$

12. 在三极管放大电路中，调整静态工作点通常采用调整（　　）的方法。

A. 基极电阻　　B. 集电极电阻

C. 电源电压　　D. 三极管参数

13. 在三极管放大电路中，有放大作用的是（　　）。

A. 三极管　　B. 电源　　C. 电阻器　　D. 电容器

14. 在三极管共发射极放大电路中，输入信号和输出信号的相位相差（　　）。

A. 0°　　B. 90°　　C. 180°　　D. 270°

15. 在保证输出波形不失真的前提下，三极管的静态工作点应尽量（　　）。

A. 高一点　　B. 低一点　　C. 在中心　　D. 随便

四、简答题

1. 共发射极放大电路由哪些元件组成？其各起什么作用？

2. 什么是放大电路的静态工作点？如何确定放大电路的静态工作点？

3．分别画出图 2—2—1 所示电路的直流通路和交流通路。

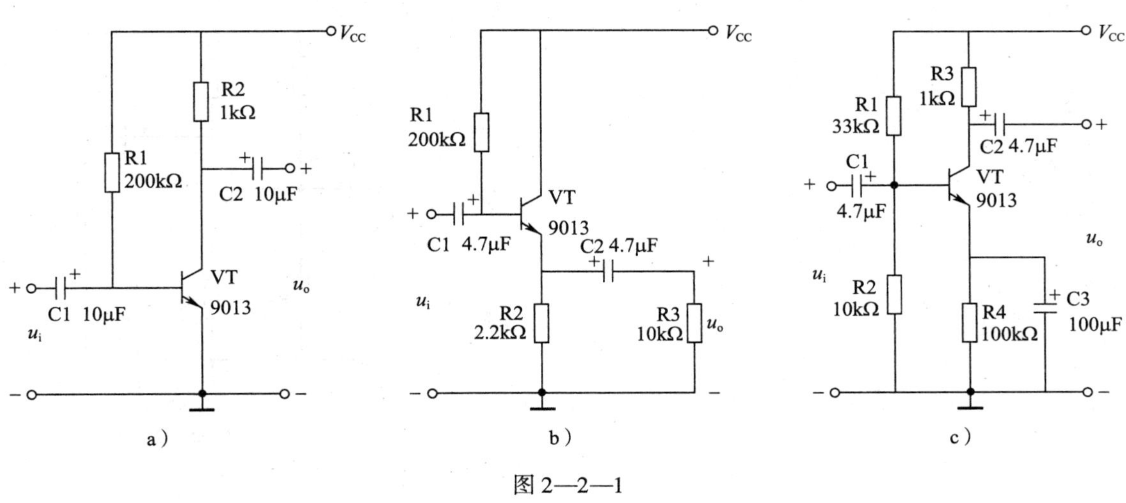

图 2—2—1

4．在共发射极放大电路中，设某一参数变化而其余基本参数不变，则放大电路的 I_{BQ} 、I_{CQ} 、U_{CEQ} 、A_u、r_o如何变化？将变化情况填写在表 2—2—1 中。

表 2—2—1

序号	参数变化	I_{BQ}	I_{CQ}	U_{CEQ}	A_u	r_o
1	R_B 增大					
2	R_C 增大					
3	R_L 增大					

5．简述图 2—2—2 所示分压式偏置共发射极放大电路的工作点稳定过程。

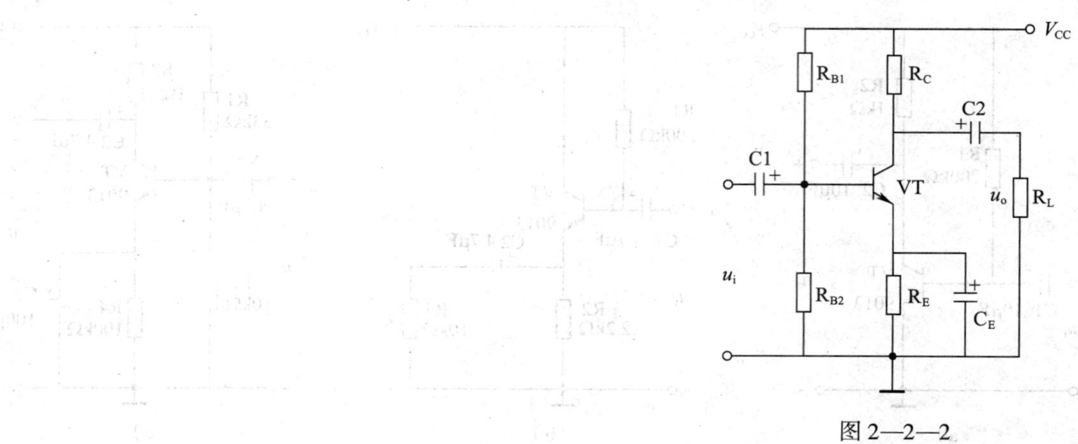

图 2—2—2

五、计算题

1．在图 2—2—3 所示电路中，$R_B=200\ k\Omega$，$R_C=1\ k\Omega$，$R_L=1\ k\Omega$，三极管为硅管，$\beta=100$ 倍，$V_{CC}=12\ V$，求电路的静态工作点 I_{BQ}、I_{CQ}、U_{CEQ} 及 A_u、r_o、r_i。

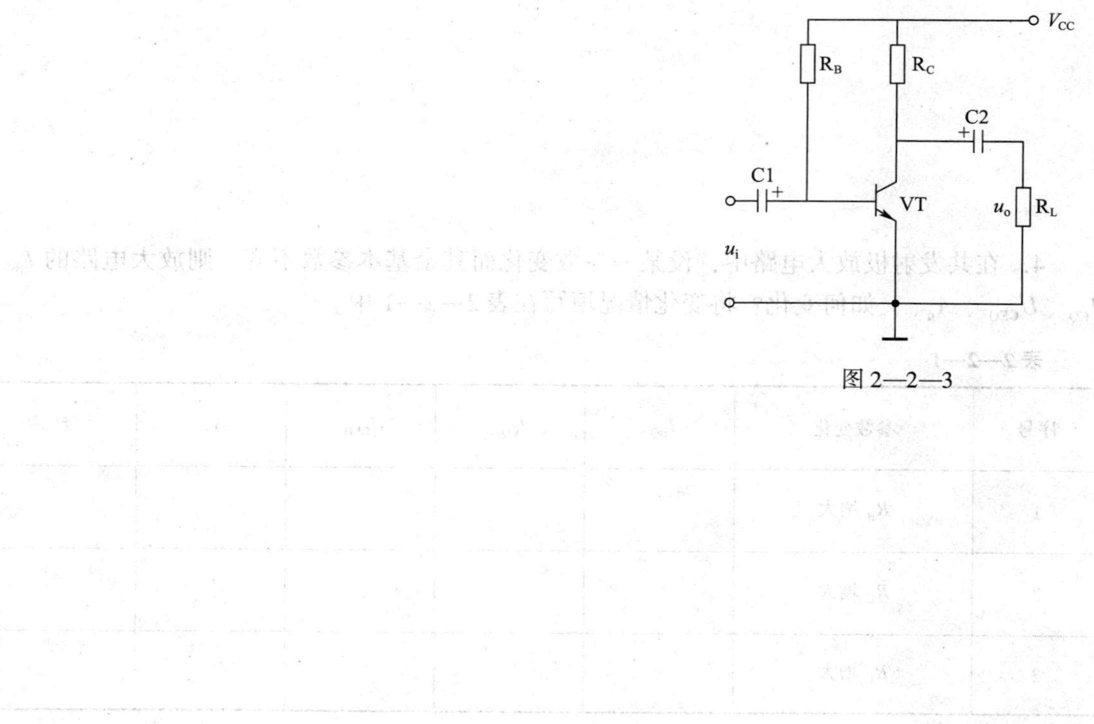

图 2—2—3

2. 在图 2—2—4 所示电路中，$R_{B1}=40\ k\Omega$，$R_{B2}=10\ k\Omega$，$R_C=500\ \Omega$，$R_E=300\ \Omega$，$R_L=1\ k\Omega$，$V_{CC}=12\ V$，三极管为硅管，$\beta=50$ 倍，求电路的静态工作点及 A_u、r_o、r_i。

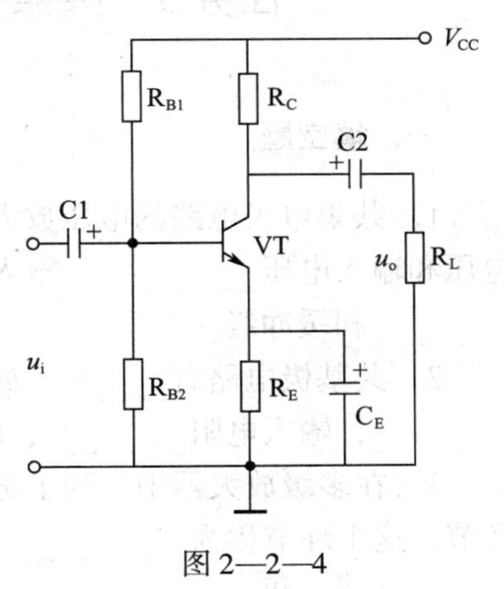

图 2—2—4

任务3　共集电极与多级放大电路的安装与调试

一、填空题

1．共集电极电路的电压放大倍数约为______倍，电路的电流放大倍数很______，输出电压和输入电压________，输入电阻________，输出电阻________，常用于________、________和缓冲级。

2．共基极电路有________放大作用，但没有________放大作用，输出电压和输入电压________，输入电阻________，输出电阻________，常用于高频放大电路中。

3．在多级放大器中，为了把信号传输到下一级，必然需要在两级放大器中间插入过渡环节，这个环节称为____________。通常使用的级间耦合有三种形式，即______________、____________和____________。

4．多级放大器的放大倍数等于各级放大器放大倍数的________，电路的输入电阻为________级放大器的输入电阻，输出电阻为________级放大器的输出电阻。

二、判断题

1．共集电极放大电路的输入信号和输出信号同相。（　　）

2．共集电极放大电路的电压放大倍数很高。（　　）

3．共基极放大电路的电流放大倍数约为1倍。（　　）

4．共集电极电路常用于输出级，以降低电路的输出电阻。（　　）

5．多级放大器的放大倍数为各级放大器放大倍数之和。（　　）

6．变压器耦合多级放大器可以放大直流信号。（　　）

7．直接耦合放大器有零点漂移问题。（　　）

8．放大直流信号时可以采用阻容耦合方式。（　　）

9．采用阻容耦合的放大电路，前、后级的静态工作点互相影响。（　　）

10．采用变压器耦合的放大电路，前、后级的静态工作点不互相影响。（　　）

11．采用直接耦合的放大电路，前、后级的静态工作点互相牵制。（　　）

12．直流放大器的级间耦合采用阻容耦合或变压器耦合。（　　）

13．分析多级放大器时，可以把后级放大电路的输出电阻看成前级放大电路的负载电阻。（　　）

三、选择题

1．为了提高电路的总输入电阻，电路的第一级宜采用（　　）。

A．共集电极放大电路　　B．共发射极放大电路

C．共基极放大电路　　D．都可以

2．三极管放大电路输出电阻最低的是（　　）。

A．共集电极放大电路　　B．共发射极放大电路

C. 共基极放大电路　　D. 不确定

3. 常用于高频放大电路的是（　　）。

A. 共集电极放大电路　　B. 共发射极放大电路

C. 共基极放大电路　　D. 都可以

4. 射极输出器的特点之一是（　　）。

A. 输入电阻大，输出电阻大　　B. 输入电阻小，输出电阻大

C. 输入电阻大，输出电阻小　　D. 输入电阻小，输出电阻小

5. 可以放大电流但不能放大电压的是（　　）组态放大电路。

A. 共射　　B. 共集　　C. 共基　　D. 不确定

6. 既能放大电压又能放大电流的是（　　）组态放大电路。

A. 共射　　B. 共集　　C. 共基　　D. 不确定

7. 可以放大电压但不能放大电流的是（　　）组态放大电路。

A. 共射　　B. 共集　　C. 共基　　D. 不确定

8. 关于共发射极放大电路，下列说法正确的是（　　）。

A. 既能放大电压又能放大电流

B. 只能放大电流，不能放大电压

C. 只能放大电压，不能放大电流

9. 在共射、共集、共基 3 种基本电路组态中，电压放大倍数小于 1 的是（　　）组态。

A. 共射　　B. 共集　　C. 共基　　D. 不确定

10. 在共射、共集、共基 3 种基本电路组态中，输出电阻最小的是（　　）组态。

A. 共射　　B. 共集　　C. 共基　　D. 不确定

11. 在共射、共集、共基 3 种基本电路组态中，输入电阻最小的是（　　）组态。

A. 共射　　B. 共集　　C. 共基　　D. 不确定

12. 某两级放大器，第一级的放大倍数是 100 倍，第二级的放大倍数是 50 倍，则电路的总放大倍数是（　　）倍。

A. 50　　B. 100　　C. 150　　D. 5 000

13. 在多级放大电路的几种耦合方式中，（　　）耦合能放大缓慢变化的交流信号或直流信号。

A. 阻容　　B. 直接　　C. 变压器　　D. 光电

四、简答题

1. 共集电极放大电路由哪些元件组成？各起什么作用？

2. 简述共集电极放大电路和共基极放大电路的特点。

3. 什么是零点漂移？

4. 多级放大器的级间耦合方式有哪几种？对级间耦合电路一般有什么要求？

5. 直接耦合电路的前、后级静态工作点存在相互影响问题，一般采用什么方法来解决？

五、计算题

1. 在图 2—3—1 所示电路中，$R_B=300\ k\Omega$，$R_E=2\ k\Omega$，$V_{CC}=12\ V$，若接入的负载电阻 R_L 为 1 kΩ，三极管为硅管，β 为 60 倍，则电路的静态工作点及 A_u、r_o、r_i、G_u 各为多少？

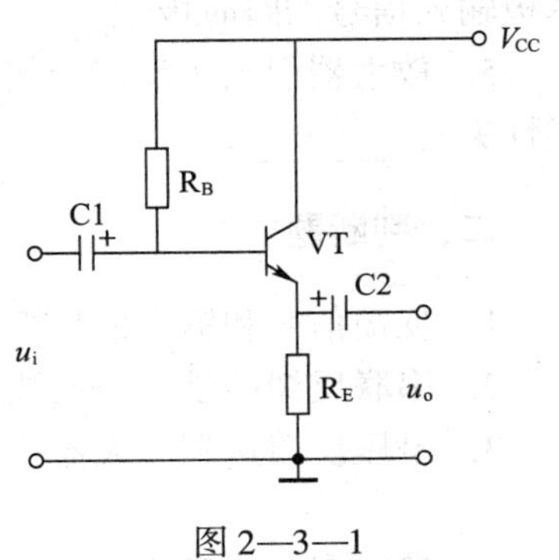

图 2—3—1

2. 在某三级放大器中，$A_{u1}=100$ 倍，$A_{u2}=1\ 000$ 倍，$A_{u3}=10$ 倍，则电路的总放大倍数是多少倍？总增益是多少？

任务 4　负反馈放大器的安装与调试

一、填空题

1. 反馈是指在电子电路系统中，将电路输出量的________通过一定的________送回到输入回路，调整放大电路________的过程。

2. 反馈放大电路由________和________两部分组成。

3. 按照反馈的极性，反馈可分成________和________两种；按照反馈信号，反馈可分成__________和__________两种；按照反馈信号和输入信号的连接方式，反馈可分成__________、__________两种。

4. 三极管发射极输出信号与基极输入信号的瞬时极性________，而集电极输出信号与基极输入信号的瞬时极性________。

5. 放大器引入负反馈会使电路的放大倍数________，放大倍数的稳定性________，非线性失真________。

二、判断题

1. 反馈信号和输入信号极性相同的称为正反馈。 (　　)
2. 串联反馈就是电流反馈，并联反馈就是电压反馈。 (　　)
3. 电压反馈送到放大器输入端的信号是电压，电流反馈送到放大器输入端的信号是电流。 (　　)
4. 反馈到放大器输入端的信号极性和原假设输入端信号极性相同的为正反馈，相反则为负反馈。 (　　)
5. 反馈量的大小仅决定于放大电路的输出量。 (　　)
6. 负反馈可以消除放大器的非线性失真。 (　　)
7. 放大器中的反馈信号是电压，不能是电流。 (　　)
8. 负反馈能改善放大电路的性能。 (　　)
9. 负反馈可以减小信号本身的固有失真。 (　　)
10. 反馈可以提高放大器放大倍数的稳定性。 (　　)

三、选择题

1. 对于放大电路，所谓开环是指（　　）。
A. 无信号源　B. 无反馈通路　C. 无电源　D. 无负载
2. 欲使放大器净输入信号削弱，应采用的反馈类型是（　　）。
A. 串联反馈　B. 并联反馈　C. 正反馈　D. 负反馈
3. 送回到放大器输入端的信号是电流，则反馈类型是（　　）。
A. 电压反馈　B. 电流反馈　C. 并联反馈　D. 串联反馈
4. 判断放大器属于正反馈还是负反馈的方法是（　　）。
A. 输出端短路法　B. 瞬时极性法　C. 输入端短路法　D. 输入端开路法
5. 要提高放大器的输入电阻，并使输出电压稳定，可采用（　　）。
A. 电压串联负反馈　B. 电流串联负反馈
C. 电压并联负反馈　D. 电流并联负反馈
6. 以下不属于反馈对放大器性能影响的是（　　）。
A. 提高放大倍数的稳定性　B. 改善非线性失真
C. 影响输入、输出电阻　D. 使通频带变窄
7. 图 2—4—1 所示电路中，R9 为（　　）负反馈。
A. 电压串联　B. 电流串联　C. 电压并联　D. 电流并联

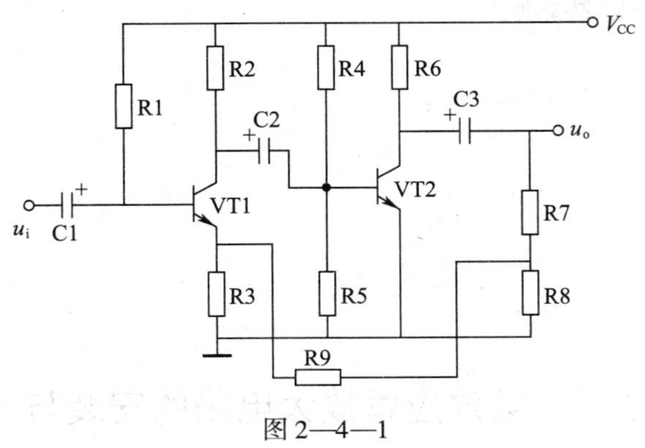

图 2—4—1

8. 串联负反馈可以使输出电阻（　　）。

A. 不变　　B. 增大　　C. 减小　　D. 不能确定

9. 串联负反馈可以使输入电阻（　　）。

A. 不变　　B. 增大　　C. 减小　　D. 不能确定

10. 电压负反馈使电路的电压放大倍数（　　）。

A. 不变　　B. 增大　　C. 减小　　D. 不能确定

四、简答题

1. 什么是反馈？反馈有哪些类型？

2. 如何判断电路中反馈的类型？

3. 负反馈对电路有哪些影响？

*任务5 场效应管放大电路的安装与调试

一、填空题

1. 场效应晶体管简称__________，主要有______________和______________两类。它具有__________、__________、______________、______________等特点。由于场效应管几乎仅靠半导体中的________________导电，故又称为____________________。

2. 结型场效应管有__________和__________之分，它有三个电极，分别是__________、________和________。

3. 场效应管的输出特性曲线分为四个区域，即______________区、__________区、________区和________区，分别对应三极管输出特性的饱和区、放大区、截止区和过损区。

4. 由于场效应管的栅极不从信号源获取电流，所以场效应管是________控制器件。

5. 绝缘栅场效应管按沟道材料不同，分为________沟道和________沟道两种；按导电方式不同，分为________型和________型两种。

二、判断题

1. 场效应管是单极型半导体器件。（　　）
2. 结型场效应管的漏极和源极可以互换使用。（　　）
3. 绝缘栅场效应管的栅极和其他两个极都是绝缘的。（　　）
4. 场效应管是电流控制器件，工作时要保证有足够的栅极电流。（　　）
5. 结型场效应管有P沟道和N沟道、增强型和耗尽型之分。（　　）
6. 存放绝缘栅场效应管时应将其三个电极短路。（　　）
7. 场效应管具有电流放大和电压放大能力。（　　）

三、选择题

1. 结型场效应管有（　　）个PN结。

A. 0　　B. 1　　C. 2　　D. 3

2. 结型场效应管属于（　　）型场效应管。

A. 增强　　B. 耗尽　　C. 增强和耗尽　　D. 不确定

3. N沟道增强型MOS管起放大作用时，工作在（　　）区。

A. 可变电阻　　B. 恒流　　C. 夹断　　D. 击穿

4. 用于表示场效应管放大能力的参数是（　　）。

A. u_{DS}　　B. i_D　　C. I_{DSS}　　D. g_m

四、简答题

1. 为什么说场效应管是单极型半导体器件?

2. 简述 P 沟道增强型绝缘栅场效应管的工作原理。

3. 简述用数字万用表检测 N 沟道增强型绝缘栅场效应管的步骤。

课题三　集成运算放大器应用电路

任务 1　集成运算放大器线性应用电路的安装与调试

一、填空题

1. 集成电路是在一块硅片上制作出________、________、________等元器件，并将它们连接成具有一定功能的电路。

2. 通常把大小________、方向________的信号称为差模信号，而把大小________、方向________的信号称为共模信号。

3. 差动放大器有两个输入端和两个输出端，两个输入端分别称为________输入端和________输入端。

4. 集成运算放大器的型号很多，但其一般都是由______________、______________、________和________电路组成的。

5. 理想集成运算放大器的基本特征是：有________的开环差模放大倍数，差模输入电阻为________，输出电阻为________，共模抑制比为________，输入失调电压和输入失调电流都为________等。

二、判断题

1. 集成运算放大器内部是直接耦合的多级放大器。（　　）
2. 差动放大器可以有效解决零点漂移问题。（　　）
3. 集成运算放大器的输出级常采用差动放大器。（　　）
4. 理想集成运算放大器的开环放大倍数为无穷大。（　　）
5. 理想集成运算放大器的输入端电流为零。（　　）
6. “虚短”“虚断”两个概念是分析集成运算放大器线性应用的基础。（　　）
7. 集成运算放大器是功率放大器。（　　）
8. 反相比例运算电路是电压串联负反馈电路。（　　）
9. 共模抑制比越小，差动放大电路的性能越好。（　　）
10. 理想差动放大电路对共模信号没有放大作用，放大的只是差模信号。（　　）
11. 集成运算放大器的引出端只有三个。（　　）
12. 处于线性工作状态的集成运算放大器的反相输入端可以按“虚地”来处理。（　　）
13. 差动输入比例运算电路的输出信号和两个输入信号的差值成正比。（　　）

三、选择题

1. 集成运算放大器内部是（　　）耦合放大器。

A. 阻容　B. 变压器　C. 直接　D. 光电

2. 基本差动放大器是由（　）个三极管组成的对称电路。

A. 1　B. 2　C. 3　D. 4

3. 差动放大器一般为运算放大器的（　）级。

A. 输入　B. 输出　C. 中间　D. 偏置

4. 同相比例运算放大器的反馈类型为（　）负反馈。

A. 电压串联　B. 电压并联　C. 电流串联　D. 电流并联

5. 反相比例运算放大器的反馈类型为（　）负反馈。

A. 电压串联　B. 电压并联　C. 电流串联　D. 电流并联

6. 集成运算放大器有（　）个输入端。

A. 1　B. 2　C. 3　D. 4

7. 集成运算放大器的同相输入端和反相输入端加入的大小相等、方向相反的信号是（　）信号。

A. 共模　B. 差模　C. 反馈　D. 不能确定

8. 要将信号放大 50 倍，并和输入信号相位相差 180°，应采用（　）。

A. 反相比例运算器　B. 同相比例运算器

C. 积分电路　D. 微分电路

9. 克服零点漂移最有效且最常用的电路是（　）电路。

A. 放大　B. 振荡　C. 差动放大　D. 滤波

10. 差动放大器是利用（　）抑制零点漂移的。

A. 电路的对称性　B. 共模负反馈

C. 电路的对称性和共模负反馈　D. 差模负反馈

11. 集成运算放大器工作在线性区域的必要条件是（　）。

A. 引入正反馈　B. 引入深度负反馈

C. 处于开环状态　D. 不外接任何元件

12. 理想运算放大器的两个重要概念为（　）。

A. 虚地和反相　B. 虚地和虚短

C. 虚短与虚断　D. 虚断与虚地

13. 反相比例运算电路的一个重要特点是（　）。

A. 反相端为虚地　B. 输入电阻大

C. 同相端为虚地　D. 输入电阻小

14. 在同相输入运算放大电路中，反馈电阻 R_f 为电路引入了（　）负反馈。

A. 电流并联　B. 电压并联　C. 电流串联　D. 电压串联

15. 积分运算电路通过（　）引入负反馈。

A. 电阻　B. 电容　C. 电阻和电容　D. 平衡电阻

16. 基本微分电路中的电容器接在电路的（　）。

A. 反相输入端　B. 同相输入端

C. 反相输入端和同相输入端之间　D. 同相输入端和输出端之间

四、简答题

1．绘制典型差动放大电路原理图，并简述它是如何消除零点漂移的。

2．集成运算放大器由哪些部分组成？各有何作用？

五、计算题

1．已知图 3—1—1 所示电路的输入电压 $u_i = 5\sin\omega t$ mV，求输出电压 u_o。

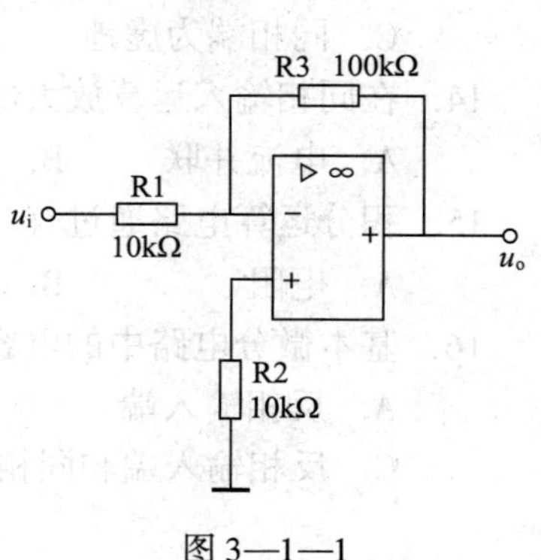

图 3—1—1

2．已知图 3—1—2 所示电路的输入电压 $u_i = 5\sin\left(\omega t + \frac{\pi}{3}\right)$mV，求输出电压 u_o。

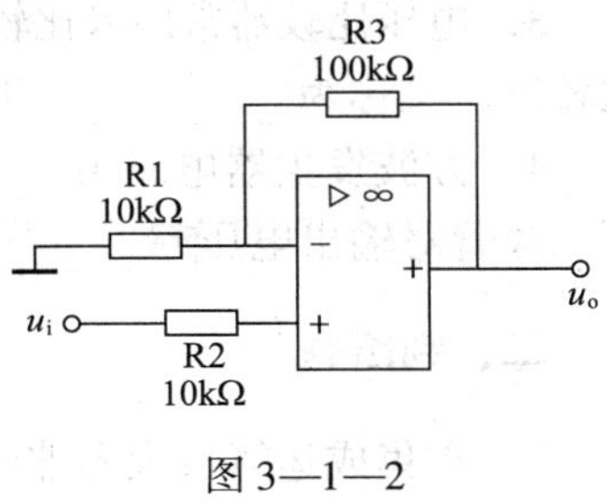

图 3—1—2

3．求图 3—1—3 所示电路的输出电压。

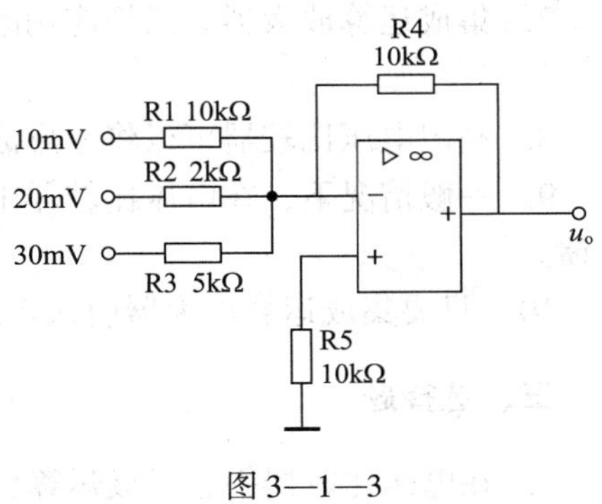

图 3—1—3

*任务 2　蓄电池过放电报警电路的安装与调试

一、填空题

1．运算放大器除了工作于____________，用于数学运算以外，还可以利用其开环增益为________的特点，只要给反相端和同相端之间输入微小的____________，就会使运算放大器的输出电压偏向它的________值。

2. 在非线性应用电路中，“虚短”“虚地”的概念一般不再适用，但由于输入电阻为无穷大，依然可以近似认为输入端________。

3. 电压比较器常用来比较______________的大小，有回差的电压比较器称为__________比较器，又称为__________电路。

4. 方波发生器电路由___________________和___________________两部分组成，双向稳压二极管对输出电压起________作用。

二、判断题

1. 在集成运算放大器非线性应用中，“虚短”的概念不再适用，而“虚断”依然适用。（　　）

2. 集成运算放大器的非线性应用主要用于数学运算。（　　）

3. 电压比较器能实现波形变换。（　　）

4. 滞回电压比较器的抗干扰能力较强。（　　）

5. 集成运算放大电路中有负反馈，说明集成运算放大电路工作于非线性区。（　　）

6. 滞回电压比较器中的回差电压和基准电压有关。（　　）

7. 集成运算放大器非线性应用时，输出电压只有两种状态，即 $+U_{om}$ 和 $-U_{om}$。（　　）

8. 利用电压比较器可以将矩形波变换成正弦波。（　　）

9. 一般情况下，在电压比较器中集成运算放大器不是工作在开环状态，就是引入了正反馈。（　　）

10. 只要集成运算放大器引入正反馈，就一定工作在非线性区。（　　）

三、选择题

1. 在电压比较器中，集成运算放大器工作于（　　）状态。

A. 开环放大　　B. 闭环放大

D. 线性放大　　C. 不确定

2. 12 V 铅蓄电池的放电终止电压为（　　）V。

A. 6　　B. 14.4

C. 10.8　　D. 12

3. 各种比较器的输出只有（　　）种状态。

A. 1　　B. 2

C. 3　　D. 4

4. 过零电压比较器是（　　）电压比较器。

A. 滞回　　B. 单门限

C. 双门限　　D. 不确定

5. 在单门限电压比较器中，集成运算放大器工作在（　　）状态。

A. 饱和　　B. 闭环放大

C. 开环放大　　D. 不确定

四、简答题

1. 设计一个 12 V 铅蓄电池充电终止报警器电路。

2. 理想运算放大器工作在线性区和非线性区各有什么特点？

五、作图题

1. 电路和输入信号分别如图 3—2—1a、b 所示，运算放大器电源电压为 ±12 V，试在图 3—2—1c 中画出输出信号的波形。

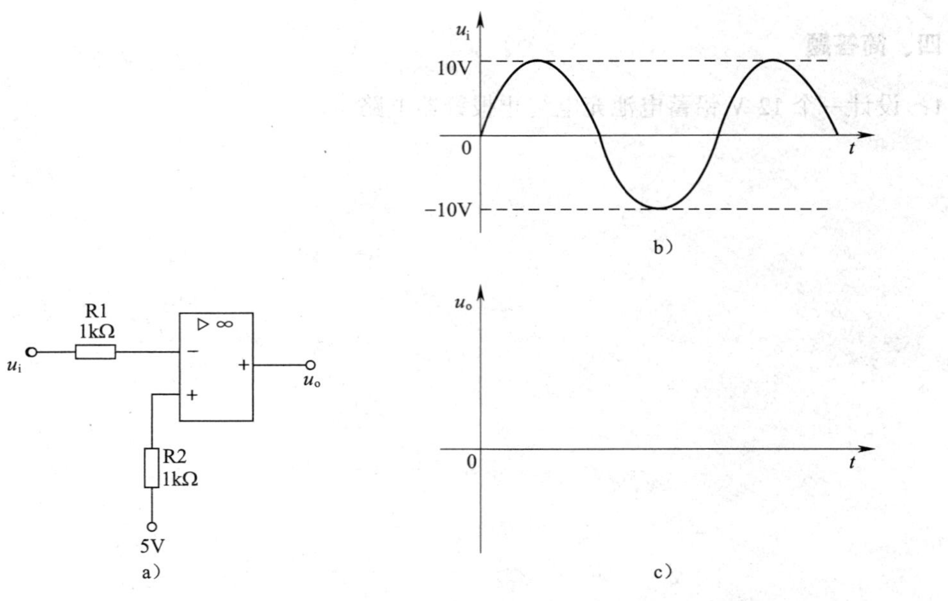

图 3—2—1

2. 电路和输入波形分别如图 3—2—2a、b 所示，已知运算放大器电源电压为 ±10 V，$R_3=9\ \text{k}\Omega$，$R_2=1\ \text{k}\Omega$，$U_R=2\ \text{V}$，试在图 3—2—2c 中画出输出信号的波形。

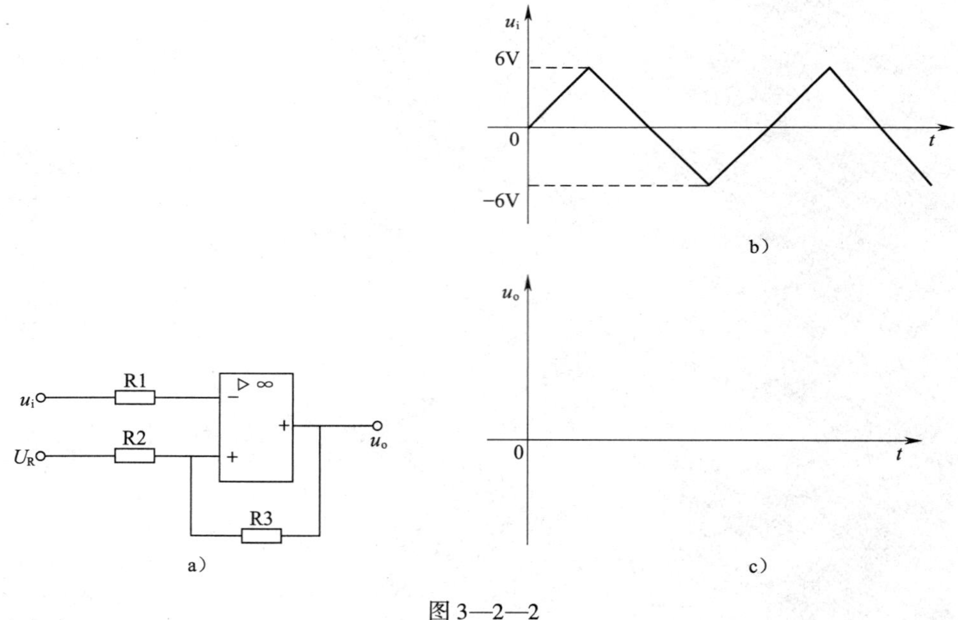

图 3—2—2

课题四　信号产生电路

任务 1　RC 正弦波振荡电路的安装与调试

一、填空题

1. 正弦波振荡电路可分为________振荡电路、________振荡电路和________振荡电路。

2. 一个正弦波振荡电路包括____________和____________两部分，在振荡电路中的反馈是一个________。

3. 为了使正弦波振荡电路能自动输出正弦信号，必须满足__________和__________两个条件。

4. LC 正弦波振荡电路有________________、________________和________________三种。

5. RC 正弦波振荡电路采用________选频网络，RC 正弦波振荡电路的结构________，容易________。

二、判断题

1. 正弦波振荡电路的振荡频率由选频网络的参数决定。（　）
2. 振荡电路中为了使电路起振引入的是负反馈。（　）
3. RC 振荡电路用于产生低频信号。（　）
4. 电感三点式振荡电路的输出波形比电容三点式振荡电路的输出波形好。（　）
5. LC 并联谐振电路中，输入信号的频率小于谐振频率时，电路呈感性。（　）
6. 振荡电路为了产生一定频率的正弦波，必须要有选频网络。（　）
7. 从 $AF>1$ 到 $AF=1$ 是自激振荡建立的过程。（　）
8. 放大器必须同时满足相位平衡条件和振幅平衡条件才能产生自激振荡。（　）
9. 振荡电路中只要引入负反馈，就不会产生振荡信号。（　）

三、选择题

1. 正弦波振荡电路的振荡条件是必须满足（　）。

A. $AF=-1$　　B. $AF=0$　　C. $AF=1$　　D. $AF<1$

2. 正弦波振荡电路的振荡频率取决于（　）。

A. 反馈元件的参数　　B. 反馈的强度

C. 反馈类型　　D. 选频网络参数

3. 正弦波振荡电路起振（　）。

A．需要外接正弦信号　　B．需要外接余弦信号

C．不需要外接信号　　D．需要外接交流信号

4．LC 正弦波振荡电路的选频网络是由（　　）谐振电路组成的。

A．RC　　B．RL　　C．LC　　D．不能确定

5．要使振荡电路获得单一频率的正弦波，主要是依靠振荡器中的（　　）。

A．正反馈环节　　B．稳幅环节

C．基本放大电路环节　　D．选频网络环节

6．在 RC 正弦波振荡电路中引入负反馈，其主要目的是（　　）。

A．提高稳定性，改善输出波形　　B．稳定静态工作点

C．减小零点漂移　　D．提高输出电压

7．对于 LC 正弦波振荡电路，若能满足相位平衡条件，则反馈系数越（　　），越容易起振。

A．大　　B．小　　C．大小不限　　D．无法确定

8．电容三点式正弦波振荡电路属于（　　）振动电路。

A．RC　　B．LC　　C．石英晶体　　D．RL

四、简答题

1．正弦波振荡电路实现振荡的条件是什么？

2．正弦波振荡电路由哪几个部分组成？各部分的主要作用是什么？

3．图 4—1—1 所示电路能满足相位平衡条件吗？若不能振荡应如何处理？

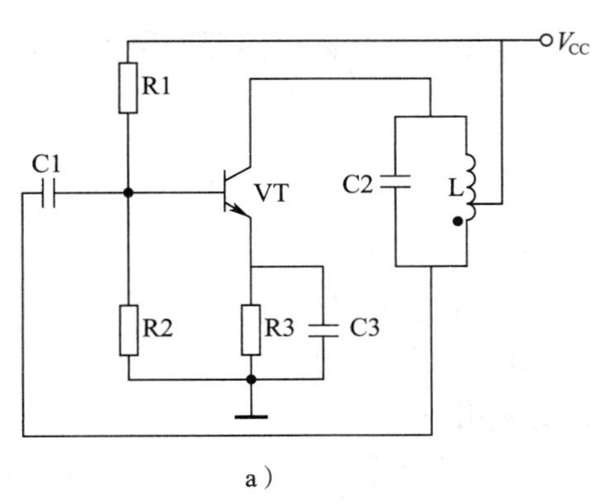

a）

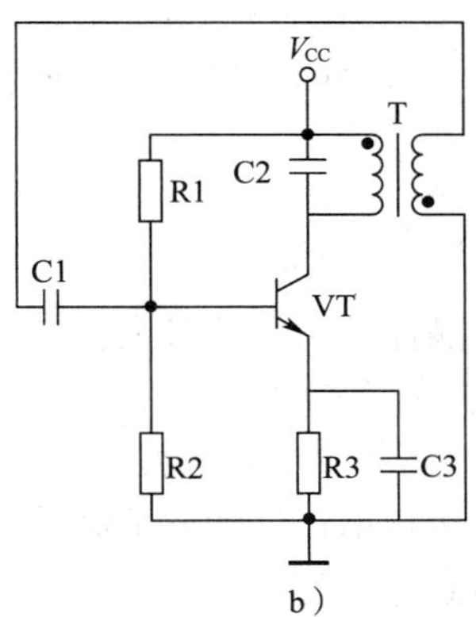

b）

图 4—1—1

任务 2　石英晶体振荡电路的安装与调试

一、填空题

1．天然石英是________形结晶体，其化学成分是________，它具有稳定的物理和化学性能。

2．石英晶体振荡器有两个谐振频率，一个是__________________________，另一个是____________________。

3．当 $f<f_s$ 或 $f>f_p$ 时，石英晶体振荡器呈________性；当 $f=f_s$ 时，电路处于________状态；当 $f_s<f<f_p$ 时，石英晶体振荡器呈________性；当 $f=f_p$ 时，电路处于________状态。

4．石英晶体振荡器根据谐振频率特性，可分为________型和________型两种。

二、判断题

1．石英晶体振荡器的最大特点是振荡频率比较高。（　　）

2．石英晶体振荡器的固有振荡频率，与石英晶体的几何尺寸有关。（　　）

3．石英晶体振荡器的频率稳定性不如 RC 振荡电路好。（　　）

4．石英晶体振荡器工作在感性区。（　　）

5．石英晶体是非金属。（　　）

6. 把电容三点式振荡器中的电感换成石英晶体振荡器，电路即为串联型石英晶体振荡器。 （ ）

7. 串联型石英晶体振荡器的振荡频率等于石英晶体的串联谐振频率。 （ ）

8. 串联型石英晶体振荡器的振荡频率与并联型石英晶体振荡器的谐振频率是不一样的。 （ ）

三、选择题

1. 石英晶体振荡器的最大特点是（ ）。
   A. 振荡频率高　　B. 输出波形失真
   C. 振荡频率稳定性好　　D. 振荡频率低
2. 对振荡频率稳定性要求高的振荡器，要采用（ ）。
   A. LC 振荡器　　B. RC 振荡器　　C. RL 振荡器　　D. 石英晶体振荡器
3. 石英晶体振荡器在电路中的作用是（ ）。
   A. 放大　　B. 选频　　C. 稳幅　　D. 偏置
4. 串联型石英晶体正弦波振荡电路的振荡频率是石英晶体振荡器的（ ）频率。
   A. 并联谐振　　B. 串联谐振　　C. 固有　　D. 不能确定

四、简答题

1. 什么是石英晶体的压电效应？

2. 图 4—2—1 和图 4—2—2 所示电路是否满足振荡条件？为什么？

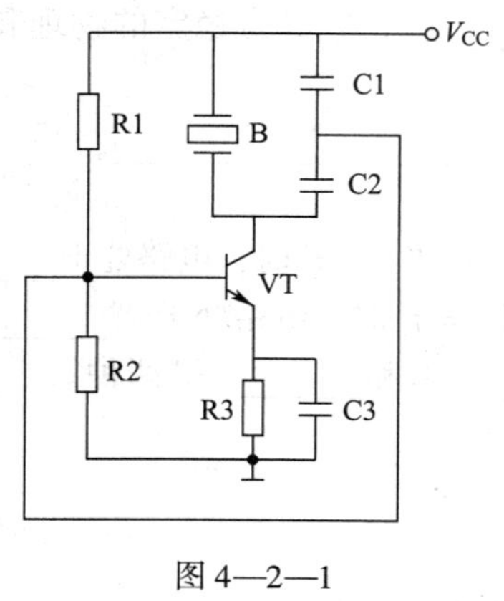

图 4—2—1

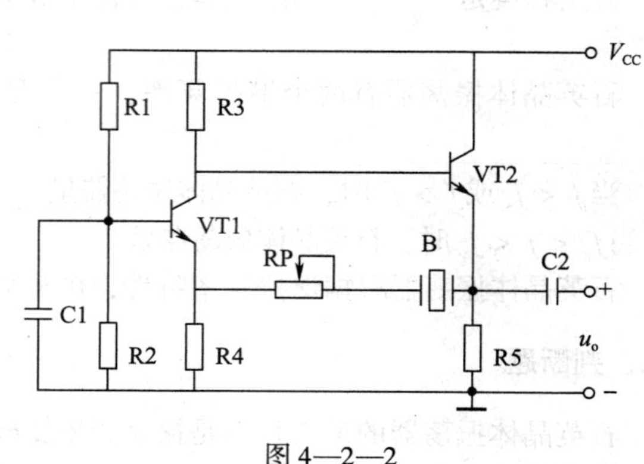

图 4—2—2

课题五　低频功率放大器

任务 1　分立元件功率放大器的安装与调试

一、填空题

1．能够向负载提供低频功率的电路称为________________，它既有____________作用，同时又有____________作用。

2．音频功率放大器主要用于放大____________范围内的音频信号。

3．由三极管分立元件组成的放大器在大功率方面优于集成电路放大器，故在专业音响中，大功率放大器多采用______________放大器。

4．功率放大器的类型很多，根据三极管的静态工作点位置不同，可分为________类功率放大器、________类功率放大器和________类功率放大器。

5．按功率放大器的输出耦合方式分类，可分为____________功率放大器、________功率放大器、________功率放大器和________功率放大器。

6．甲类功率放大器中功放管的静态工作点设置在________的中间区域，在输入信号的整个周期内功放管都处于________状态，输出信号________失真。但静态电流大，效率低，其理想的最大效率仅为________。

7．乙类功率放大器也称__________________，有__________________功率放大器、_______________功率放大器和_______________功率放大器等。

8．乙类功率放大器中功放管的静态工作点设置在__________________。由于三极管____________的存在，在信号正负半周交换时，乙类功率放大器容易产生__________失真。

二、判断题

1．在功率放大器中，功放管常工作于极限状态。（　　）

2．在功率放大器中，功放管的耗电越大，输出功率越大。（　　）

3．甲类功率放大器的效率比乙类功率放大器高。（　　）

4．OCL 功率放大器要使用正负电源供电。（　　）

5．为了提高甲类功率放大器输出电压的幅度，静态电流应大一点。（　　）

6．乙类功率放大器有交越失真的问题。（　　）

7．乙类功率放大器静态时，$I_{CQ} \approx 0$，所以静态功率几乎为零，效率高。（　　）

8．组成互补对称功率放大电路的两个三极管采用同型号的管子。（　　）

9．OTL 功率放大器输出电容的作用是将信号传递到负载。（　　）

10．甲类功率放大器的效率低，主要是静态工作点选在交流负载线的中心，静态电流

I_{CQ}比较大造成的。 ( )

三、选择题

1. 功率放大器的效率等于（ ）。
   A. 输入功率与输出功率之比　　B. 输出功率与电源提供的总功率之比
   C. 电源总功率与输出功率之比　　D. 管耗与输出功率之比
2. 甲类功率放大器的最高效率为（ ）。
   A. 30%　　B. 50%　　C. 78.5%　　D. 100%
3. 乙类功率放大器的最高效率为（ ）。
   A. 30%　　B. 50%　　C. 78.5%　　D. 100%
4. 在电源电压和负载相同的情况下，输出功率最大的电路是（ ）。
   A. 甲类功率放大器　　B. OTL 功率放大器
   C. OCL 功率放大器　　D. BTL 功率放大器
5. 甲类功率放大器的静态工作点设置在（ ）区。
   A. 饱和　　B. 截止　　C. 放大　　D. 不确定
6. 某功率放大器的静态工作点在交流负载线的中心，这种情况下功率放大器的工作状态称为（ ）。
   A. 甲类　　B. 乙类　　C. 甲乙类　　D. 丙类
7. 乙类互补对称功率放大器正常工作时，三极管工作在（ ）状态。
   A. 放大　　B. 饱和　　C. 截止　　D. 放大或截止
8. 在 OCL 功率放大器中，两个三极管的特性和参数均相同，并且一定是（ ）。
   A. NPN 和 NPN　　B. PNP 和 PNP　　C. PNP 和 NPN　　D. 硅管和锗管
9. 实际应用的互补对称功率放大器属于（ ）放大器。
   A. 甲类　　B. 乙类　　C. 电压　　D. 甲乙类
10. 给功率放大器的功放管安装散热片是为了（ ）。
    A. 降低管压降　　B. 提高放大倍数
    C. 降低三极管温度　　D. 降低三极管耗散功率
11. 乙类功率放大器的两个三极管（ ）工作。
    A. 同时　　B. 交替　　C. 间歇同时　　D. 不确定
12. BTL 功率放大器中的 4 个三极管，在半个周期中有（ ）个同时工作。
    A. 1　　B. 2　　C. 3　　D. 4

四、简答题

1. 和低频电压放大器相比，功率放大器具有哪些特点？

2．根据功放管静态工作点的位置不同，功率放大器可分为甲类、乙类、甲乙类等。如图 5—1—1 所示为功率放大器中功放管的集电极电流波形，试分析其各为何种类型。

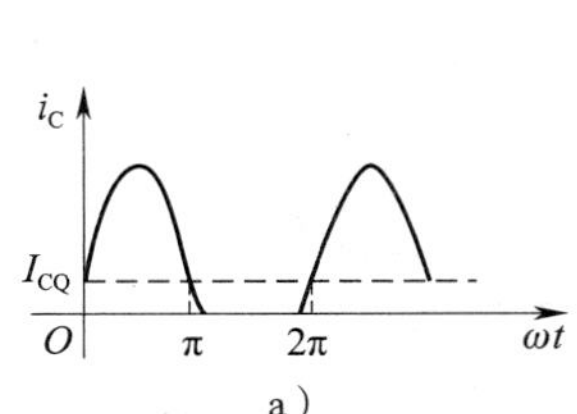

a）

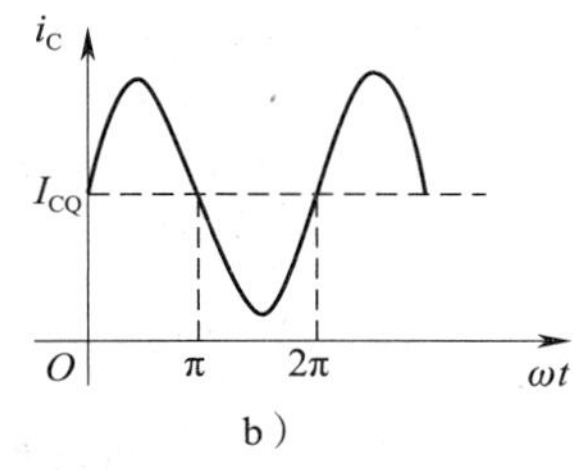

b）

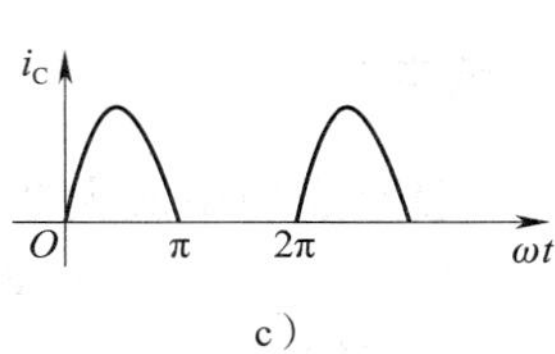

c）

图 5—1—1

3．什么是交越失真？其产生原因是什么？如何克服交越失真？

五、计算题

在 OTL 功率放大电路中，电源电压为 12 V，负载电阻为 4 Ω，求电路的输出功率和电路的效率。

任务2　集成功率放大器的安装与调试

一、填空题

1. 一般集成功率放大器内部由________、______________、______________和______________四个主要部分组成。

2. LM386M集成功率放大器主要应用于________消费类产品，电压增益内置为________，它的静态功耗仅为24 mW，特别适用于________供电的场合。

3. TDA2030A集成功率放大器具有开机____________、外接元件少的特点。其工作电压为__________ V，输出功率为__________（$R_L=4\ \Omega$），电路内含有多种保护电路，如__________、________、______________、______________等。

二、判断题

1. LM386M集成功率放大器是双声道集成功率放大器。（　　）
2. TDA2030A集成功率放大器通常使用双电源供电。（　　）
3. TDA1514集成功率放大器是单声道功率放大器。（　　）
4. TDA1521集成功率放大器是荷兰飞利浦公司设计制造的双功率放大器。（　　）
5. 除小功率的功率放大器外，一般都要安装散热器。（　　）
6. TDA2030A集成功率放大器使用时，不要安装散热器。（　　）

三、选择题

1. 图5—2—1所示LM386M集成功率放大器的典型应用电路中，（　　）组成了相位补偿网络。

A. C1　　B. C2、R　　C. RP1　　D. RP2、C3

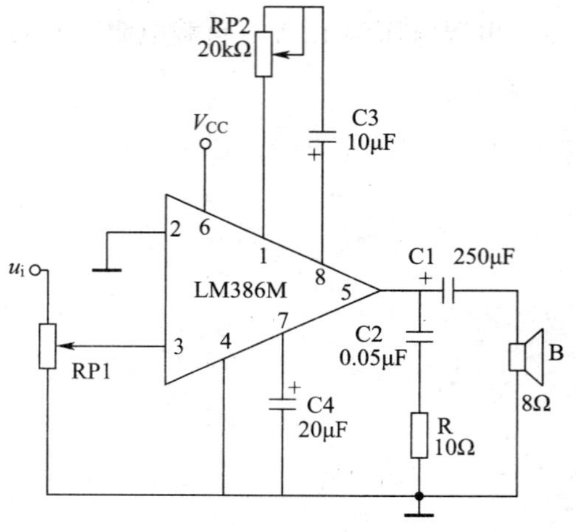

图5—2—1

2. 图 5—2—2 所示 TDA2030A 集成功率放大器的典型应用电路中，（　　）构成了反馈网络。

A. R2、R3　　B. R4、C7　　C. R2、C2　　D. R2、R4

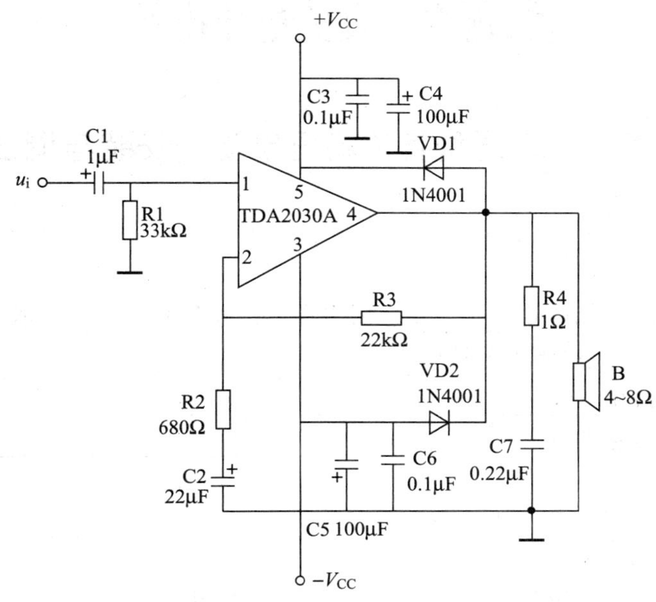

图 5—2—2

3. 下列选项中，不属于 LM1875 集成功率放大器特点的是（　　）。

A. 低失真　　B. 工作稳定可靠

C. 外围电路元件多　　D. 电流负载能力大

四、作图题

查找 LM1875 集成功率放大器的典型参数，并绘制其典型应用电路图。

课题六　直流稳压电源

任务1　串联型直流稳压电源的安装与调试

一、填空题

1．直流稳压电源有晶体管________稳压电源、硅稳压管________稳压电源、________开关电源、________开关电源等多种形式。

2．直流稳压电源由____________、____________、____________和____________组成。

3．稳压管的主要参数有____________、____________、________________和动态电阻等。

4．输出电压可调的稳压电源包含_____________、_____________、____________ 和____________等环节。

5．稳压电源的稳定系数是指在____________不变时，____________的相对变化量和____________的相对变化量的比值，它是描述稳压电源________________能力的参数，稳定系数越________越好。

二、判断题

1．硅稳压管并联稳压电路中，限流电阻可以取消。（　　）

2．硅稳压管并联稳压电路中，稳压管工作于反向击穿状态。（　　）

3．在并联型稳压电路中，稳压管应工作在反向击穿区，并且与负载电阻串联。（　　）

4．串联型稳压电路的调整管工作于放大状态。（　　）

5．串联型稳压电路的最低电压可以小于基准稳压管的电压。（　　）

6．串联型稳压电路中的调整管相当于一个可变电阻器。（　　）

三、选择题

1．两个不同稳压值的稳压管并联后，其稳压值为（　　）。

A．两个稳压值相加　　B．两个稳压值相减

C．大的稳压值　　D．小的稳压值

2．两个不同稳压值的稳压管串联后，其稳压值为（　　）。

A．大的稳压值　　B．小的稳压值

C．两个稳压值相加　　D．两个稳压值相减

3．在串联型稳压电路中，取样电压与（　　）进行比较。

A．输入电压　　B．输出电压　　C．基准电压　　D．不确定

4. 稳压管是利用其伏安特性的（　　）特性进行稳压的。

A. 反向　　B. 反向击穿　　C. 正向起始　　D. 正向导通

5. 在串联型稳压电路中，调整管工作在（　　）区。

A. 截止　　B. 饱和　　C. 放大　　D. 任意

6. 在串联型稳压电路中，若取样电路中可变电阻 RP 向下滑动，则输出电压（　　）。

A. 升高　　B. 降低　　C. 不变　　D. 为零

四、简答题

1. 绘制稳压电源的组成框图，并简述各组成部分的作用。

2. 简述输出电压可调的稳压电源在输入电压升高和下降时的稳压过程。

3. 简述测量稳压电源内阻的方法。

五、计算题

1．图6—1—1中，$U_i=9$ V，$R=300\ \Omega$，$U_Z=6$ V，$R_L=1\ \text{k}\Omega$，求负载电流 I_L 和 I_Z。

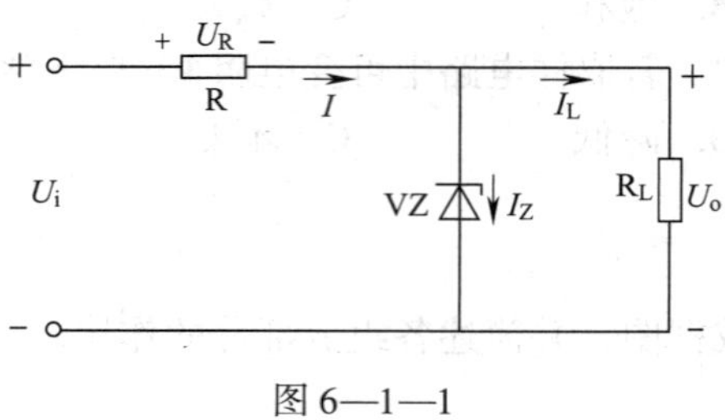

图6—1—1

2．图6—1—2中，$U_Z=6$ V，$R_3=R_P=R_4=300\ \Omega$，U_{BE}可忽略不计，输入电压足够高，求输出电压的调节范围。当RP在中间位置时，输出电压为多少？

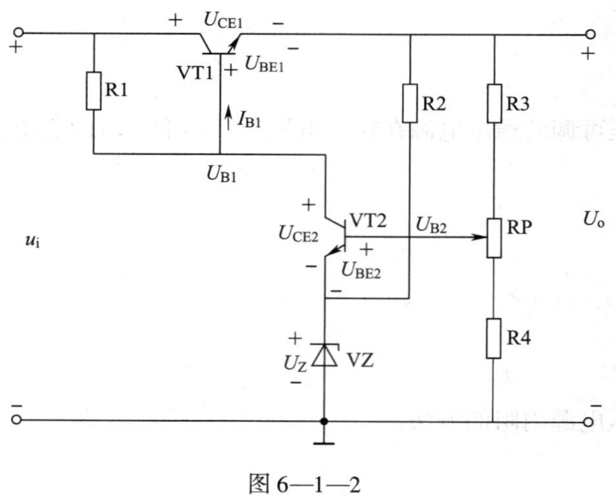

图6—1—2

任务2　集成稳压电源的安装与调试

一、填空题

1. 相比分立元件稳压电路，集成稳压电源具有______________、________________、______________和保护电路完善等优点。

2. 三端固定式集成稳压器的3个引出端为________端、________端和________端。

3. 集成稳压器按其外形结构来分，可分为________稳压器和________稳压器；按输出电压是否可调来分，可分为________稳压器和________稳压器。

4. 三端集成稳压器的内部电路和分立元件稳压电源类似，由________电路、________电路、______________电路、________电路和________电路等部分组成。

5. CW78和CW79系列集成稳压器型号的后两位表示输出电压，如CW7812表示输出电压为________V，CW7912表示输出电压为________V。

二、判断题

1. CW ×× 系列三端集成稳压器中的调整管必须工作于开关状态。　（　　）

2. 各种稳压器的输出电压均不可以调整。　（　　）

3. 三端集成稳压器的输出电压有正、负之分。　（　　）

4. 利用三端集成稳压器能够组成同时输出正负电压的稳压电路。　（　　）

5. CW78和CW79系列三端集成稳压器的输出电压极性不同，但外形相似，引出端也一样。　（　　）

6. 由三端集成稳压器组成的稳压电路，其输出电压不能高于稳压器的最高输出电压。　（　　）

7. 集成稳压器只有正电源一种。　（　　）

三、选择题

1. CW7815三端集成稳压器的输出电压为（　　）V。

A. +15　　B. −15　　C. +5　　D. −5

2. 下列三端可调式集成稳压器中，属于民用级的是（　　）。

A. CW117　　B. CW217　　C. CW317　　D. CW237

3. 在三端集成稳压器的输入和输出端有一个小容量电容，它是（　　）电容。

A. 滤波　　B. 耦合　　C. 高频旁路　　D. 没有作用

4. 三端集成稳压器的输入、输出电压应保持（　　）压差。

A. 0 V　　B. 1 V　　C. 2 ~ 3 V　　D. 越大越好

5. 下列关于CW317稳压器的说法，正确的是（　　）。

A. CW317稳压器是三端可调式集成稳压器

B. CW317稳压器的输出电流为0.1 A

C. CW317 稳压器的输出电流为 0.5 A

D. CW317 稳压器为负电压输出

6. CW337M 稳压器是（　　）。

A. 固定正压输出　　B. 可调正压输出

C. 固定负压输出　　D. 可调负压输出

7. 三端集成稳压器 78L ×× 系列的输出电流为（　　）A。

A. 1.5　　B. 0.5　　C. 0.1　　D. 1.0

8. CW117、CW217、CW317 中的 17 表示输出为（　　）。

A. 负电压系列　　B. 正电压系列　　C. 1.7 V 的电压　　D. －1.7 V 的电压

9. CW317 的输出电压在（　　）V 范围内连续可调。

A. 5～24　　B. 1.25～37　　C. －37～－1.25　　D. 3～37

四、简答题

1. 绘制三端集成稳压器的内部电路框图，并简述其工作原理。

2. 为什么稳压器正常工作时，其输入、输出电压需保持 2～3 V 的压差？

任务3 USB手机充电适配器的安装与调试

一、填空题

1. 串联型稳压电源的调整管都工作于________状态，功耗较大，为了解决调整管的发热问题，都需要使用较大的________。

2. 开关稳压电源中的开关管工作于________状态，当其截止时，流过的电流________，当其导通时，两端的压降________，而且开关管本身的功耗________，因此极大地提高了电源的效率，一般开关稳压电源的效率可达____________。

3. 开关稳压电源又称____________或____________，是一种高频化电能转换装置。通过控制电源开关管的________和__________的时间比率，可保持输出电压________。

4. 开关稳压电源按照开关管与负载的连接方式不同，可分为________和________两种；按控制方式不同，可分为____________________________、___________________________和________三种；按照开关管是否参与振荡，可分为________和________两种。

二、判断题

1. 串联型开关稳压电源的输出电压总是小于输入电压。（　　）
2. 串联型开关稳压电源的开关管工作于开关状态。（　　）
3. 并联型开关稳压电源的开关管工作于放大状态。（　　）
4. 开关稳压电源的效率比普通串联型稳压电源低。（　　）
5. 开关变压器是一种高频脉冲变压器。（　　）
6. 开关稳压电源是将输入的直流电压变换成交流电压，然后再变换成直流电压。（　　）

三、选择题

1. 开关稳压电源中的调整管工作于（　　）状态。

   A. 截止和放大　B. 开关　C. 放大　D. 饱和

2. 串联型开关稳压电源的开关管和负载（　　）。

   A. 串联　B. 并联　C. 混联　D. 以上都可以

3. 开关稳压电源的效率可以达到（　　）。

   A. 40%～50%　B. 50%～60%

   C. 60%～80%　D. 70%～95%

4. 在开关稳压电源中，调整管和续流二极管是（　　）工作的。

   A. 同时　B. 轮流

   C. 有时同时，有时轮流　D. 不能确定

5. 并联型开关稳压电源的开关管和负载（　　）。

   A. 串联　B. 并联　C. 混联　D. 以上都可以

6．开关稳压电源的稳压控制方法是（　　）。

A．PWM　　B．PFM

C．两种均可　　D．两种都不可采用

7．输出电压可以高于输入电压的稳压电源是（　　）。

A．并联型开关稳压电源

B．串联型开关稳压电源

C．采用降压变压器的串联型稳压电源

D．并联型稳压电源

四、简答题

1．简述串联型开关稳压电源的基本工作原理。

2．简述USB手机充电适配器的工作原理。

课题七　晶闸管应用电路

任务 1　晶闸管的识别与检测

一、填空题

1. 晶闸管器件为开关器件，它具有________、________、________________和动作速度快等优点，是一种很理想的无触点开关元件，广泛应用于________、________、________和__________系统中。

2. 晶闸管又称为__________，有________晶闸管、________晶闸管和________晶闸管等多种类型。

3. 单向晶闸管是一种________层________端半导体开关器件，共有________个 PN 结，它有________个电极，分别为__________、__________和__________。

4. 双向晶闸管具有两个方向________________的特性，双向晶闸管实质上是两个__________的单向晶闸管，是由______层半导体形成的________个 PN 结构成的，它有 3 个电极，分别为__________、__________和__________。

二、判断题

1. 晶闸管阳极和阴极之间加正向电压，它就导通。（　　）
2. 晶闸管导通后要保持触发信号的幅度，否则晶闸管将关断。（　　）
3. 晶闸管导通后，流过它的电流小于维持电流时，晶闸管就会关断。（　　）
4. 晶闸管导通后，控制极就失去作用。（　　）
5. 双向晶闸管的正反两个方向都能导通。（　　）
6. 晶闸管和三极管都能用小电流控制大电流，所以晶闸管具有放大作用。（　　）
7. 只要给晶闸管的控制极加正向电压，晶闸管就会导通。（　　）

三、选择题

1. 必须给晶闸管控制极加（　　）电压，晶闸管才能触发导通。

   A. 正向　　B. 反向　　C. 正向或反向　　D. 不能确定

2. 晶闸管阳极和阴极间加（　　）电压，才能触发导通。

   A. 正向　　B. 反向　　C. 正向或反向　　D. 不能确定

3. 检测晶闸管触发特性使用万用表的（　　）挡。

   A. R×1 Ω　　B. R×100 Ω　　C. R×1 kΩ　　D. R×10 kΩ

4. 晶闸管触发导通后，流过晶闸管的电流和（　　）有关。

A. 控制极电压　　B. 晶闸管压降　　C. 负载电阻　　D. 不能确定

5. 在控制极开路的条件下，允许重复作用在晶闸管上的最大反向电压是（　　）。

A. 触发电压　　B. 正向重复峰值电压

C. 反向重复峰值电压　　D. 晶闸管压降

四、简答题

1. 简述单向晶闸管的工作原理。

2. 表 7—1—1 所列为常见普通单向晶闸管的外形图，试根据其外形判断晶闸管的各管脚。

表 7—1—1

类型	图示	管脚排列
金属封装螺栓型普通晶闸管		螺栓一端为＿＿＿＿＿ 较细的引线端为＿＿＿＿＿ 较粗的引线端为＿＿＿＿＿
平板型普通晶闸管		引出线端为＿＿＿＿＿ 平面端为＿＿＿＿＿ 另一端为＿＿＿＿＿
塑封（TO—220）普通晶闸管	CR3AM	中间引脚为＿＿＿＿＿，且多与＿＿＿＿＿相连

3. 简述用万用表判断单向晶闸管管脚的方法。

4. 简述用万用表区分单向和双向晶闸管的方法。

任务 2 晶闸管调光电路的安装与调试

一、填空题

1. 单结晶体管是只有______个 PN 结的三端半导体器件，它有______个电极，分别称为___________、___________和___________，它有_______个基极，所以又称为_______晶体管。

2. 测量单结晶体管时使用万用表的________挡，________和________之间相当于一个二极管，只是正向电阻比普通二极管略大一些；________和________之间相当于一个固定电阻，阻值在一百多千欧左右。

二、判断题

1. 利用单结晶体管的负阻特性和 RC 电路，可以组成频率可变的锯齿波振荡电路。 ( )

2. 晶闸管导通角越小，输出电压越高。 ( )

3. 触发脉冲在一个周期内有很多，但只有第一个起作用。 ( )

4. 单结晶体管具有单向导电性。 ( )

5. 晶闸管触发电路的触发信号要和输入的电源电压同步。 ( )

6. 改变单结晶体管振荡电路中 RC 电路的时间常数，就可以改变输出脉冲频率。 ( )

三、选择题

1. BT33 单结晶体管的管脚排列是（　　）。

A.

B.

C.

D.

2. 单结晶体管触发电路的脉冲频率由（　　）决定。

A. 振荡器中的时间常数　　B. 单结晶体管分压比

C. 电源电压　　D. 不确定

3. 单结晶体管触发电路的作用是（　　）。

A. 放大　　B. 稳压　　C. 控制　　D. 整流

4. 双向触发二极管是两个（　　）。

A. 整流二极管串联　　B. 稳压二极管并联

C. 稳压二极管反向串联　　D. 整流二极管反向串联

5. 单结晶体管振荡器中，单结晶体管工作在（　　）区。

A. 截止与饱和　　B. 截止　　C. 负阻　　D. 饱和

四、简答题

1. 对晶闸管触发信号有哪些要求？

2. 测量晶闸管调压电路时要注意哪些事项？